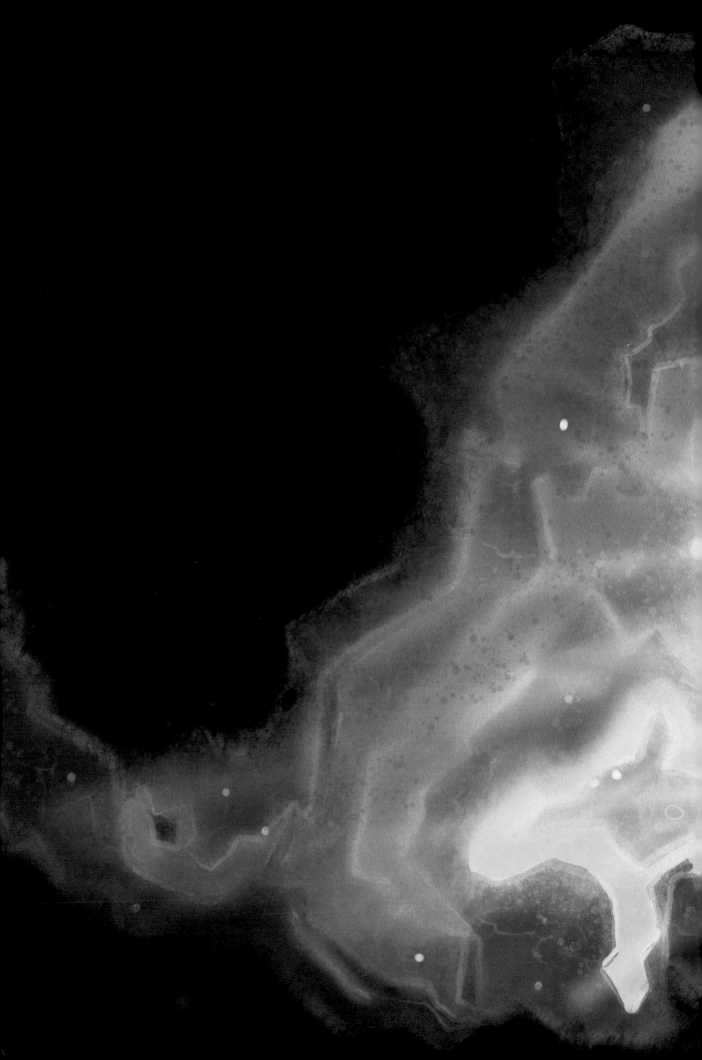

神奇动物在哪里

极地
冰封世界

〔挪威〕莉娜·伦斯勒布拉滕 绘著

余韬洁 译

人民文学出版社
PEOPLE'S LITERATURE PUBLISHING HOUSE

著作权合同登记号 图字01-2020-1640

Author: Line Renslebråten
UNDER POLARISEN

图书在版编目（CIP）数据

极地冰封世界 / (挪威) 莉娜·伦斯勒布拉滕绘著；
余韬洁译. -- 北京：人民文学出版社, 2022
（神奇动物在哪里）
ISBN 978-7-02-016878-1

Ⅰ.①极… Ⅱ.①莉… ②余… Ⅲ.①极地—动物—
儿童读物 Ⅳ.①Q958.36-49

中国版本图书馆CIP数据核字(2022)第032467号

责任编辑　卜艳冰　杨　芹
封面设计　李　佳

出版发行　人民文学出版社
社　　址　北京市朝内大街166号
邮政编码　100705

印　　制　上海盛通时代印刷有限公司
经　　销　全国新华书店等

字　　数　88千字
开　　本　889毫米×1194毫米　1/16
印　　张　5.75
版　　次　2022年2月北京第1版
印　　次　2022年2月第1次印刷

书　　号　978-7-02-016878-1
定　　价　68.00元

如有印装质量问题, 请与本社图书销售中心调换。电话：010-65233595

目　录

世界之极

在遥远的北方,

那里是北极,

一眼望去, 无尽冰雪。

大片的浮冰之间, 大海幽暗而寒冷。

然而在北极的冰川之下，充满了生机。

冰层里、海水中、海床上，

都生活着生物。

它们自成一个生态系统。

在冰与海之间，所有生物都对彼此很重要。

这是大世界中的一个小世界，

历经数百万年，每种生物都找到了自己的位置。

北极的寒冬叫作极夜。

冰层在寒冷中增大变厚。

生活在冰层中的动物和藻类都睡着了。

它们在等待着光明。

白天和夜晚一样黑暗寒冷。

当春天的太阳终于露头，大部分的冰融化了。

太阳为小型藻类和细菌提供光照和营养，

使它们大量繁殖，

成了磷虾和端足动物的主要食物。

这些小型动物则成了大型动物的食物。

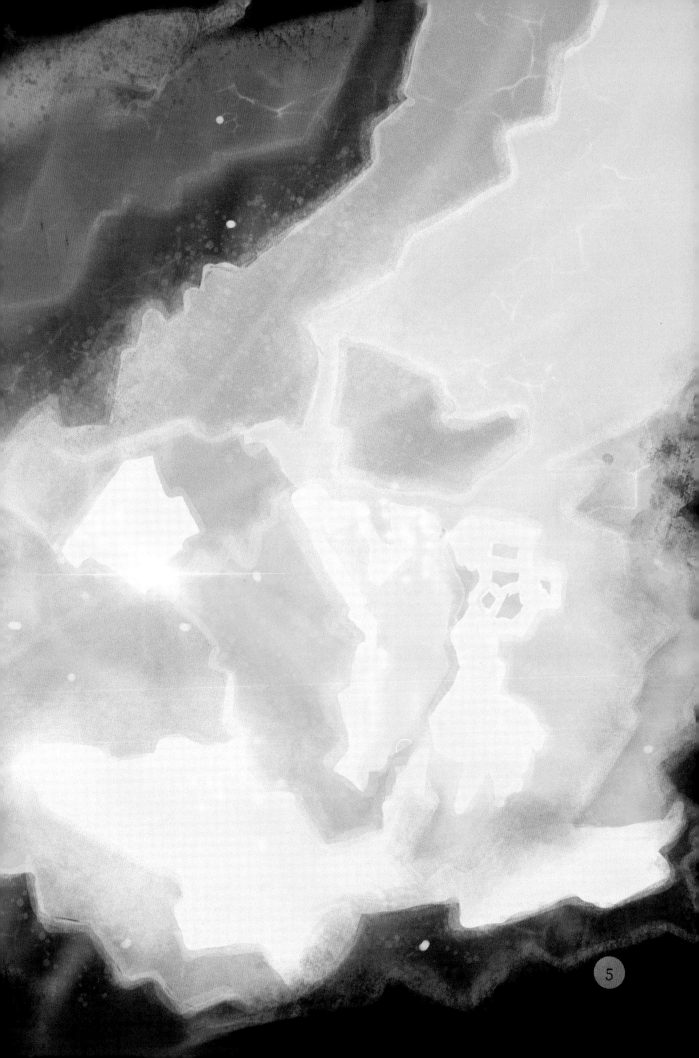

冰缘过渡带

从海洋到冰盖, 漂浮着很多浮冰块。

冰盖长年覆盖陆地, 几乎不消融。

越靠近冰盖, 漂在海上的浮冰越多,

直到把海面都盖住。

这个区域被称为冰缘过渡带,

可以有数万米宽,

就像一条带子环绕着北极区。

夏季冰缘带变小, 冬季冰缘带变大。

7

冰藻

海冰下面长着一张绿油油、黏糊糊的"毯子"。

这张绿色的"毯子"就是冰藻。

冰藻被称为海中的草。

这些藻类是生活在冰层下的小型动物的重要食物。

冰藻长得像陆地上的植物,但生长在冰层下。

当春天的太阳开始温暖北极,它们繁殖得很快。

一个冰藻一个星期内就可以变成六十四个。

这些藻类会制造氧气。

人类和动物需要氧气才能呼吸。

当极夜笼罩北极，这些藻类就会被冰封在海冰中。

它们就是这样生存下来的。

这些藻类也可以沉到海底。

在那里，它们整个冬天都可以待在沙子和泥土下面。

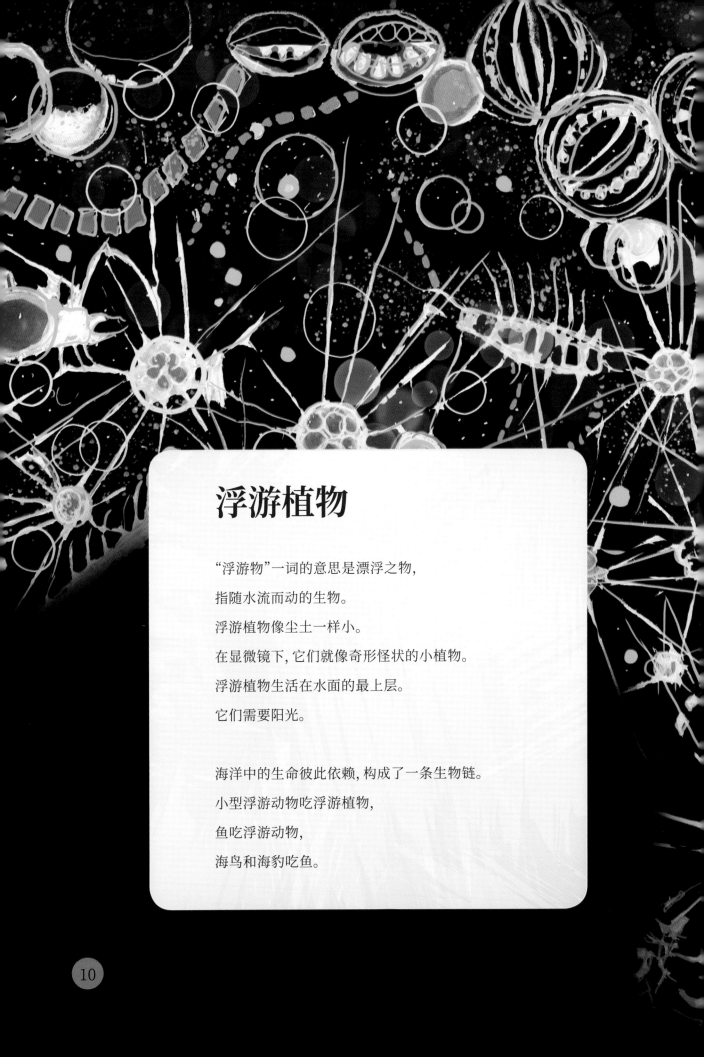

浮游植物

"浮游物"一词的意思是漂浮之物,

指随水流而动的生物。

浮游植物像尘土一样小。

在显微镜下,它们就像奇形怪状的小植物。

浮游植物生活在水面的最上层。

它们需要阳光。

海洋中的生命彼此依赖,构成了一条生物链。

小型浮游动物吃浮游植物,

鱼吃浮游动物,

海鸟和海豹吃鱼。

浮游动物

浮游动物同样随水流四处漂浮，

有些自己也可以稍微游一下。

浮游动物是海洋中体形最小的动物，

你可以在显微镜下清楚地看到它们。

它们吃浮游植物，

也猎捕其他浮游动物。

浮游动物可以是小型甲壳动物，

如磷虾和端足类动物，

也可以是小型水母或腹足类动物，

或是大型动物的卵和幼体。

浮游动物是鱼类、鲸和海鸟的重要食物。

桡(ráo)足类动物

随着春日的到来，北极恢复了新的生机。

黑暗的海洋被桡足类动物染成了红色。

桡足类动物因其颜色被挪威人称为"红食"，

就是红色食物的意思。

桡足类动物是小型甲壳动物。

它们吃藻类和浮游生物。

其中体形最大的能有指甲那么大。

桡足类动物可以通过摆动尾巴来跳跃。

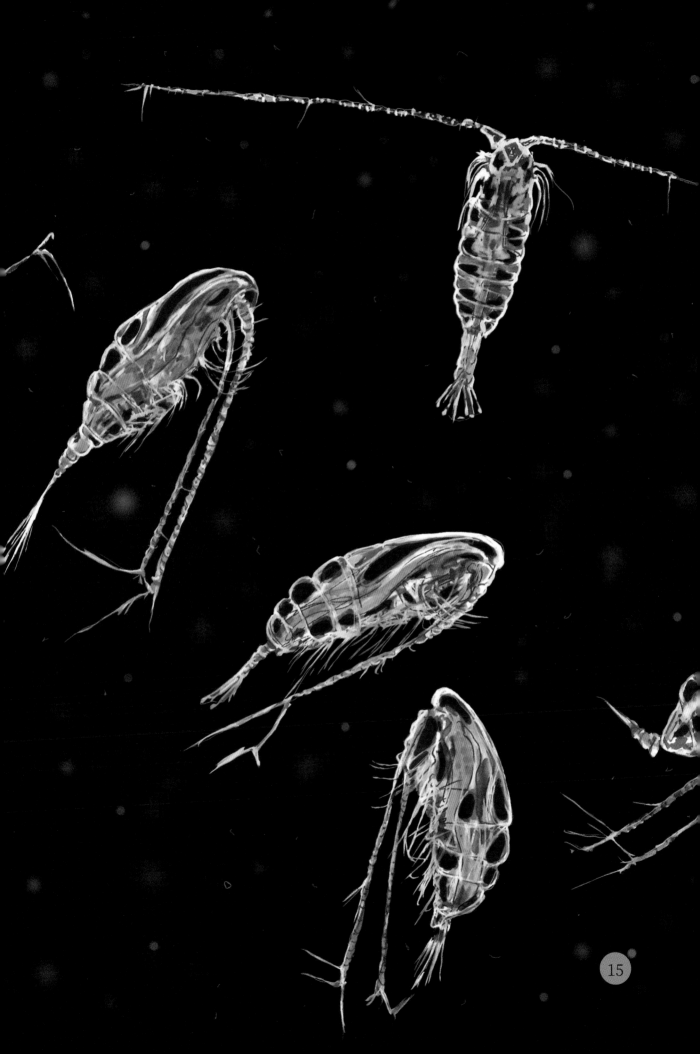

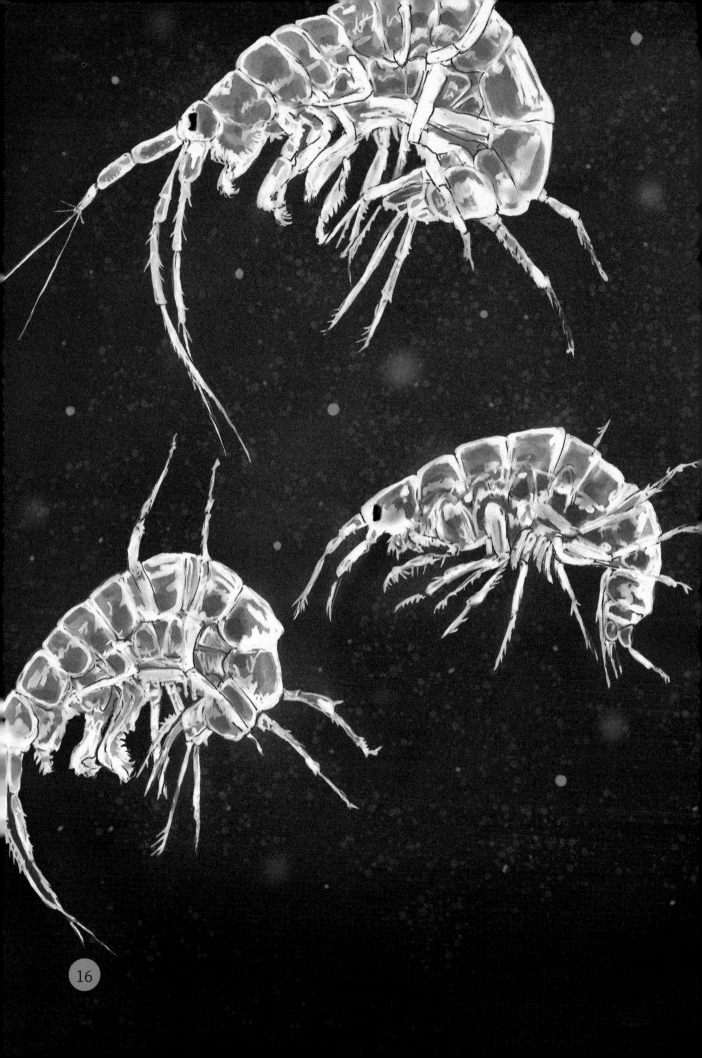

端足类动物

海冰就像一座冰冻的城市，

到处都是街道和洞穴。

端足类动物很喜欢生活在这里。

它们可以长到和你的小手指一样大。

它们吃冰层下面的藻类，

也吃其他浮游动物。

端足类动物通常生活在海滨的海藻丛中或岩石之下。

你要是去沙滩，搬起一块石头，

它们就会弹跳着蹦出来。

在北极，它们住在海冰里。

也许北极的端足类动物应该叫作"冰跳虾"？

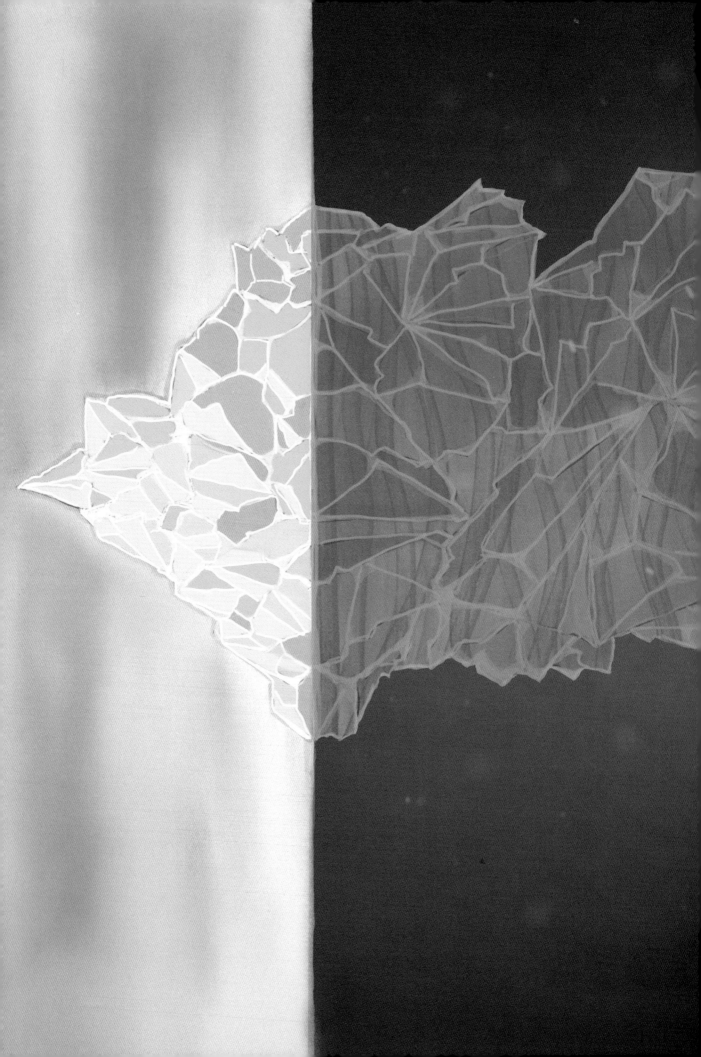

北极的海冰

北冰洋被冰覆盖了数十万年。

漂浮在海面上的冰是冻结的海水。

这种冰在海中形成又融化。

冰山、冰川和陆地上的冰都是淡水冻结的。

这些都在陆地上形成，几乎全年都被雪覆盖。

冰川是世界上储备量最大的淡水资源。

冰山是漂浮在海中的巨大冰块。

它们一般是从冰川上脱落下来的，

有的可达六十米高，数千米宽。

冰山只有顶部露在水面上，

还有八分之七潜在水面下。

海天使

凝胶状的小天使漂浮在黑暗的海水中。

到了晚上,海天使们浮到水面来进食。

海天使就像没有壳的蜗牛,长着一对翅膀。

它们只有米粒大小。

海天使是捕食其他浮游动物的小型猎食者。

天亮以后,海天使就沉下去了。

它们藏身于深海。

振翅蜗牛

振翅蜗牛有壳,比海天使稍小。

从蜗牛壳中伸出了一只带翅膀的脚。

振翅蜗牛游泳时,这只脚可以划水。

振翅蜗牛以黏液形成的网捕食浮游生物和藻类。

振翅蜗牛在生长发育时会改变性别,就像虾一样。

这叫作雌雄同体。体形稍小的是雄性。

长得最大、年纪最老的是雌性。

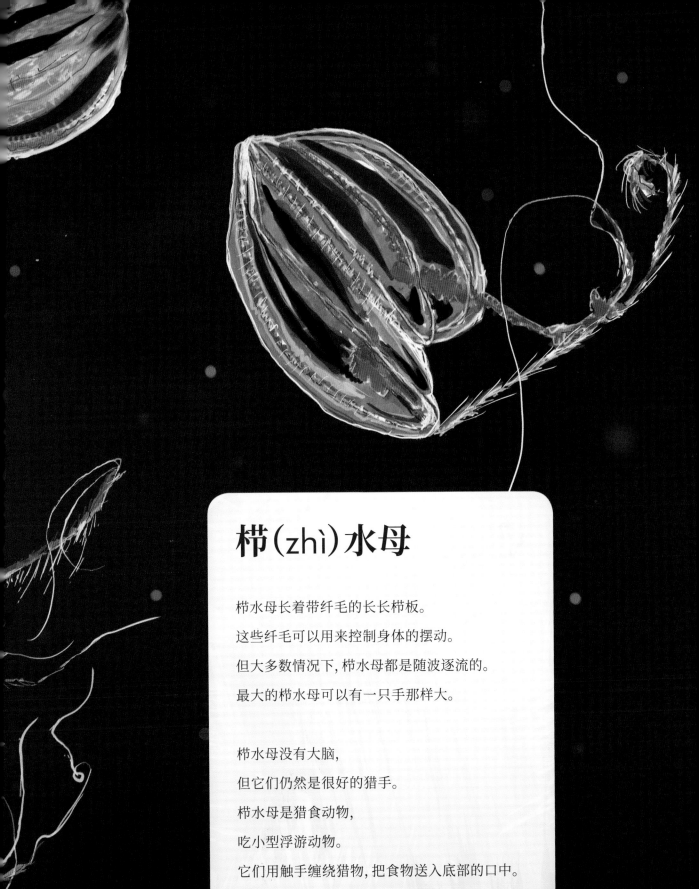

栉(zhì)水母

栉水母长着带纤毛的长长栉板。

这些纤毛可以用来控制身体的摆动。

但大多数情况下,栉水母都是随波逐流的。

最大的栉水母可以有一只手那样大。

栉水母没有大脑,

但它们仍然是很好的猎手。

栉水母是猎食动物,

吃小型浮游动物。

它们用触手缠绕猎物,把食物送入底部的口中。

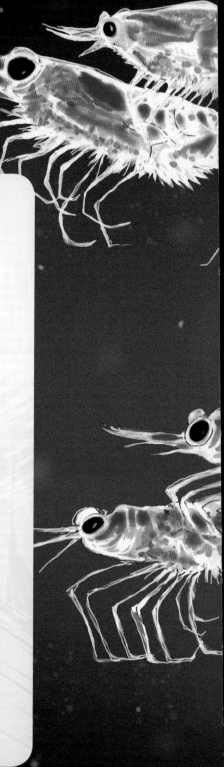

磷虾

磷虾存在于所有海洋中。

一个磷虾群可以覆盖数千米的海域。

磷虾是浮游动物,长得像虾。

它们大约只有虾的一半大。

但磷虾的尾部不能像虾那样弯曲。

在北冰洋,许多生物需要磷虾才能生存。

像磷虾这类的重要物种被称为关键物种。

鱼类、鲸和海鸟都吃磷虾。

白天磷虾隐藏在深海,

晚上它们游上来吃浮游生物。

它们可以在没有食物的情况下存活两百天。

那时它们会缩小体形,需要的能量也会减少。

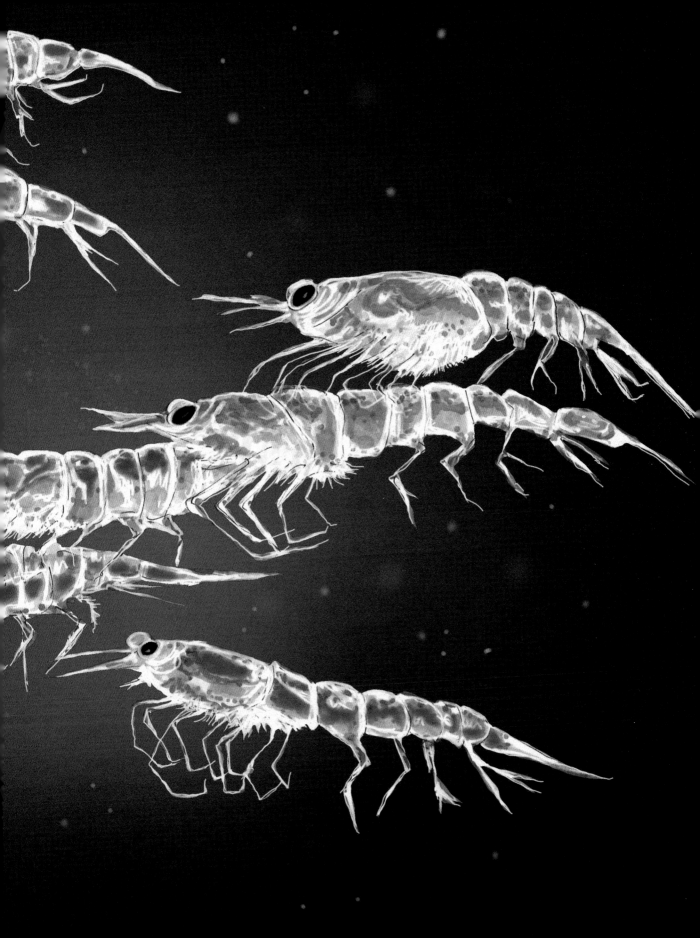

北极虾

挪威沿海地区每年捕获的北极虾超过五千吨。
这相当于五千辆小轿车的重量。

北极虾生活在临近海床的地方。
在那里，它们吃浮游生物和小型无脊椎动物。
北极虾用颚把食物撕裂。
它们没有牙齿，但是胃中的小沙粒会把食物磨碎。

北极虾随着长大发育会改变性别。
幼虾都是雄性，成虾都是雌性。
在北极，它们可能得花七年时间才能成熟。

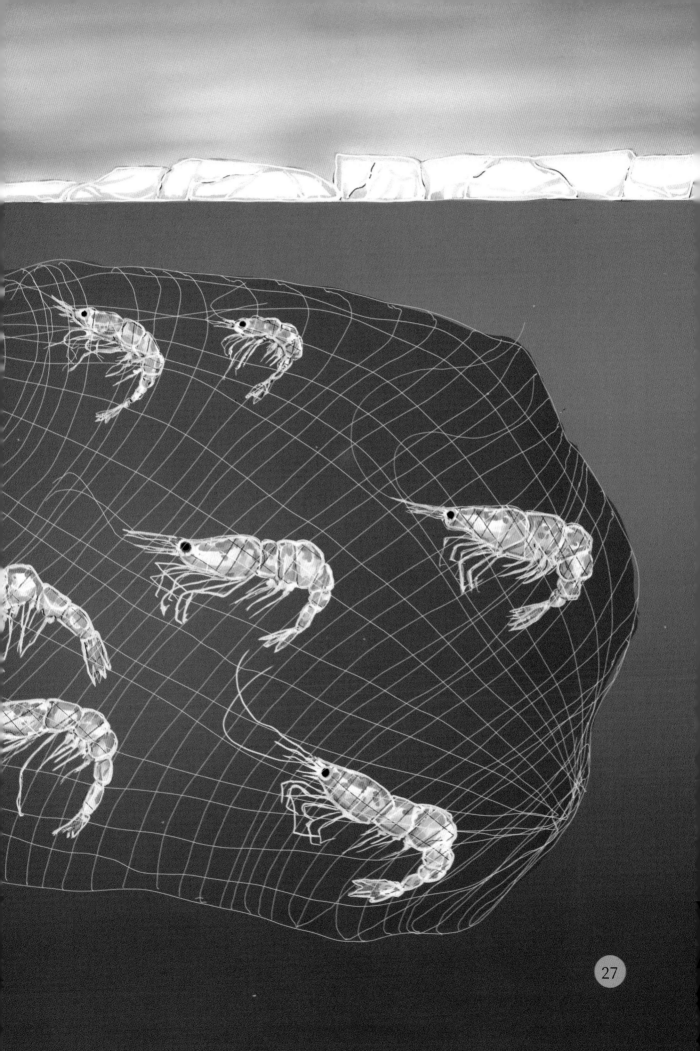

生活在冰水中的鱼

要在寒冷的北冰洋中生存，需要一些特殊的体质。

只有少数几种鱼一年四季都生活在这里。

狮子鱼、线鳚（wèi）和绵鳚是其中几种，

但最知名的可能是北极鳕鱼。

春日普照时，更多鱼类**来到北极**。

大西洋鳕鱼、杜父鱼、**黑线鳕鱼**、毛鳞鱼、小鲱鱼和

狼鳚是最常见的。

就连**鲨鱼**一年中也会到访北极一次。

格陵兰睡鲨是生活在最北边的鲨鱼。

它们可以长到六米多，以海豹和鱼类为食。

鲨鱼不是通常所说的鱼。

通常的**鱼有硬骨**构成的骨骼，

鲨鱼的**骨骼被称**为软骨。

软骨比硬骨骨骼更柔软，更具有弹性。

鳐（yáo

庸鲽

线鳚

28

舒（yú）鳕

小鲱鱼

黑线鳕鱼

大西洋鳕鱼

绵鳚

毛鳞鱼

狮子鱼

北极鳕鱼

杜父鱼

金平鲉（yóu）

格陵兰睡鲨

狼鳚

29

北极鳕鱼

整个冬天,极小的鱼卵都藏在海冰内的小洞穴或裂缝中。

冰层在鱼卵周围隆隆作响。

它们正在等待孵化。

它们将变成北极鳕鱼。

当夏季逐渐来到整个北极,一些北极鳕鱼会进入深海,

还有一些则留下来继续生活在冰洞里。

北极鳕鱼通常把冰层当作藏身之处,

海鸟或海豹袭击时,它们就会潜入裂缝中。

北极鳕鱼吃端足类动物和附着在冰上的其他小型动物。

它们可以在非常冷的水中生活，

温度低到几乎要结冰。

北极鳕鱼的体内会分泌一种物质，使血液不会冻结，

差不多就像汽车在冬季使用的防冻剂。

狮子鱼

一条狮子鱼栖息在深海底部。

它伏在一块岩石上，

等待它的晚餐经过此地。

狮子鱼通过腹部下的吸盘将自己固定在石头上。

它们比北极鳕鱼稍小，

看起来有点像一只大蝌蚪。

狮子鱼有滑溜溜的皮肤，没有鱼鳞。

狮子鱼有许多不同的种类。
其中有种外号叫"鼻涕鱼",
因为它滑溜溜又黏糊糊。

线鳚

线鳚看起来就像一条背上带刺的鳗鱼。

它们很少会长到比一只手大。

线鳚喜欢把自己埋在泥里，

躺在那儿一动不动。

线鳚在海底捕猎小型鱼类和双壳软体动物，

一旦挑中了猎物，它们就会猛地蹿出来。

它们捕猎的速度快如闪电，

之后又会重新钻进泥里。

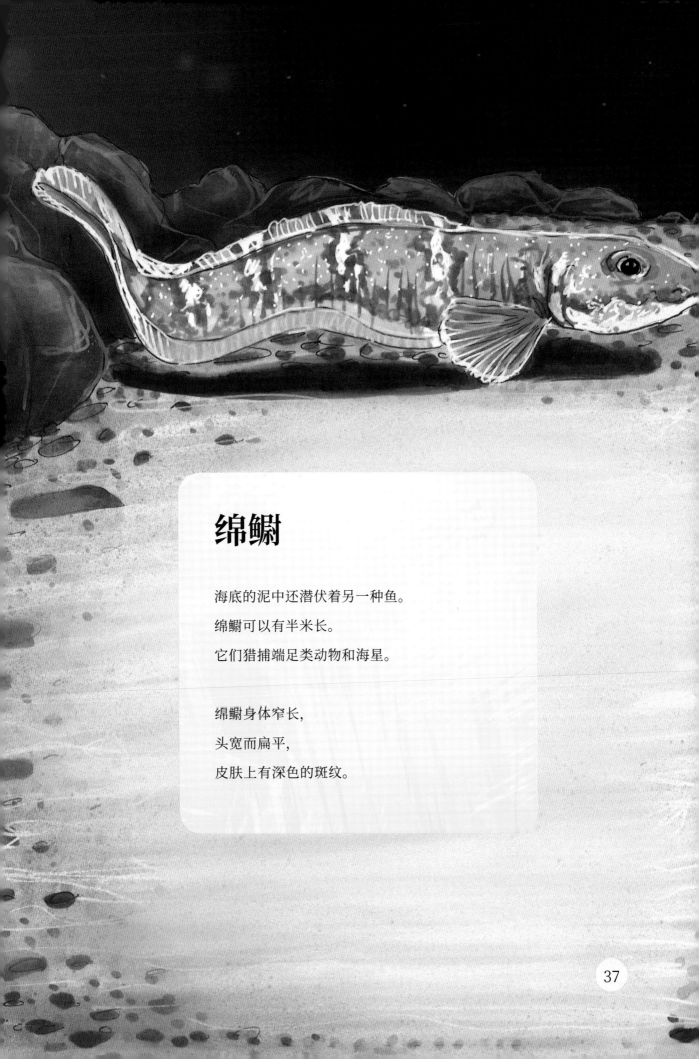

绵鳚

海底的泥中还潜伏着另一种鱼。

绵鳚可以有半米长。

它们猎捕端足类动物和海星。

绵鳚身体窄长，

头宽而扁平，

皮肤上有深色的斑纹。

多种类型的冰

科学家根据冰的不同表现形式把冰分为几类。

当水面温度低且波动翻滚时，就会形成饼状冰，看起来就像放在水面上的圆形薄饼。

霜是雾在寒冷的固体表面凝结时形成的。

无定形冰看起来像玻璃。它的表面光滑，质地坚硬且透明。无定形水是太空中最常见的冰。土星周围的环状物就是由这种冰组成的。

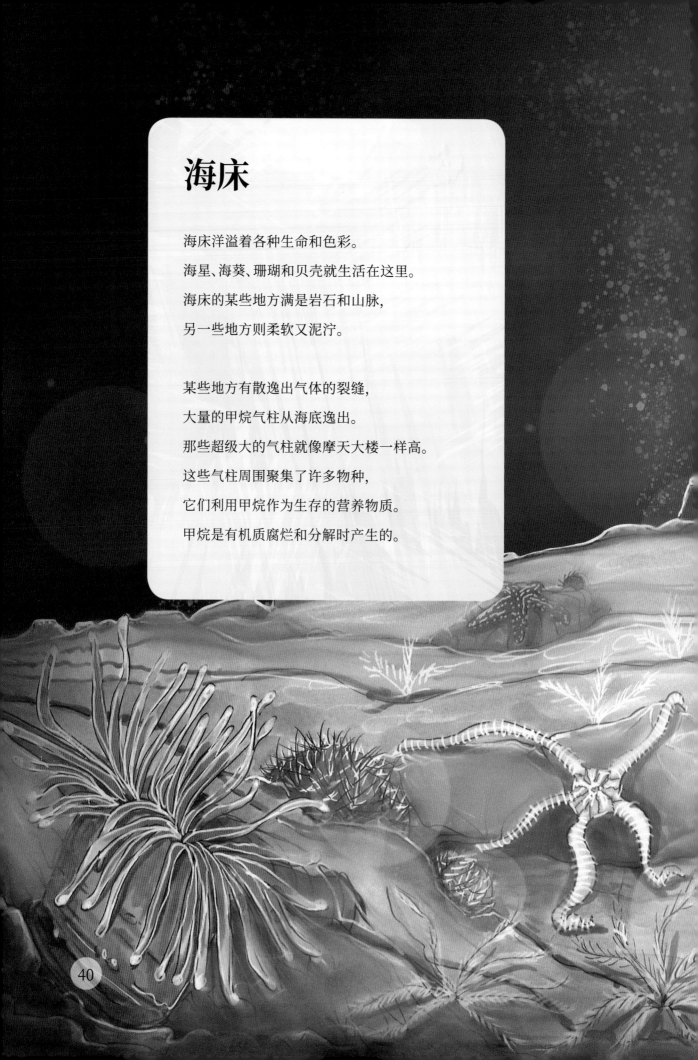

海床

海床洋溢着各种生命和色彩。

海星、海葵、珊瑚和贝壳就生活在这里。

海床的某些地方满是岩石和山脉，

另一些地方则柔软又泥泞。

某些地方有散逸出气体的裂缝，

大量的甲烷气柱从海底逸出。

那些超级大的气柱就像摩天大楼一样高。

这些气柱周围聚集了许多物种，

它们利用甲烷作为生存的营养物质。

甲烷是有机质腐烂和分解时产生的。

海胆

海胆生活在多山、多岩石的海床上，
属于棘皮动物。

海胆的口器有五瓣尖锐的牙齿。
口器的结构类似于锥(zhuī)形塔，
被称为"亚里士多德提灯"。
海胆通过口器进食海藻和海草。

42

异花软珊瑚

异花软珊瑚喜欢生长在洋流经过的地方。

它们其实是群聚生长的小型动物,

附着在岩石和海岭上。

人们大多很了解温带和热带海域中的珊瑚,

但不知道在北极也有珊瑚分布。

海葵

海葵是生活在海床上的五颜六色的动物。

它们也被称为"海玫瑰"。

海葵可以移动,

但速度非常慢。

它们以吸盘附着在岩石和贝壳上。

八十多个触手在水中优雅地摆动,

使海葵看起来像花朵。

触手富有毒液,用来猎捕食物。

海葵的口器位于所有触手的中央。

毒液会让猎物全身麻痹,一动不动,

因此海葵可以吃掉和自身差不多大的动物。

海葵只有一个口孔,进食和排泄都由这个孔进出。

因此,它们被称为腔肠动物。

海羽星

海羽星是棘皮动物。

它们可以通过抬起、放下手腕来游泳,

或者用手腕的尖端在海床上爬越。

海羽星在底部有一圈小圆环。

这一圈小圆环将它们牢牢固定在海床上。

在变成美丽的海羽星之前, 它们的幼体漂浮在水中。

海鳃

海鳃看上去就像在风中摇摆的棕榈树。

它们用茎干将自己固定在海床上,

身体在茎干的最顶端,

身体的正中央是口器,

口器周围挥舞的手臂会捕捉经过的浮游生物。

虽然它们看起来像棕榈树或花朵,

但它们其实和珊瑚是亲戚。

为什么冰山是蓝色的

美丽的绿松石色的冰山，
还带着蓝色的阴影。
阳光让冰山看起来是蓝色的。

太阳发出的光线有彩虹七色，
蓝光的波长较短，
遇到冰山时，容易被散射回空气中。

这与天空呈现蓝色的原理一样，是光线的散射。

我们通常看到的冰是白色的，
因为普通的冰块几乎反射了所有光。

透明的冰山其实充满了小气泡，更容易将蓝光散射出去。

海蜘蛛

海蜘蛛可以长到一只手那么大，
它们看起来就像来自另一个星球的生物。

海蜘蛛似乎只由长长的腿组成，
就连它们的内脏都长在腿上。

海蜘蛛也用腿来携带它们的卵。

雄蛛腿间携卵，直到卵孵化完毕。

海蜘蛛吃的是海底的小型无脊椎动物。

它们会将口器刺入猎物，

把里面的东西吸出来。

冰岛扇贝

冰岛扇贝很容易辨识。

它们有鲜艳的绿色、红色和黄色。

冰岛扇贝可以长到十厘米。

它们最喜欢在硬质的海床上待着。

鸟尾蛤

小小的、胖乎乎的鸟尾蛤散
落在海床上。

它们长大后有了壳，就会挖
个洞藏到海底的泥中。

海豹和人类都爱吃鸟尾蛤。

截海螂

截海螂会挖个洞藏到海底下，

然后从泥沙中伸出一个长长的口器。

口器会吸食水和小块食物，

并排出多余的水。

在壳和软体成熟之前，它们是幼体。

格陵兰鸟蛤

格陵兰鸟蛤呈圆形, 颜色浅。
它们会在海底挖个洞,
然后生活在那里。
格陵兰鸟蛤是北极许多海豹最喜
欢的食物。

北极梯形蛤

北极梯形蛤黄白色, 斜梯形。
它们可以活一百多年。
北极梯形蛤的年龄可以通过数贝壳上的
环来计算, 就像树干上的年轮一样。
通过比较这些环, 科学家们可以了解气
候是如何随着时间推移而变化的。

53

海蛇尾

海蛇尾生活在岩石的边缘。

在那里，它们蜿蜒前行，挥舞着手臂。

海蛇尾的手臂上有分泌黏液的小尖刺。

它们就是这样捕食的。

它们的食物是漂过来的浮游生物。

海蛇尾不是海星。

海蛇尾有可以摆动的手臂，

这些手臂不像海星的固定而僵硬。

泥海星

北冰洋海床有许多种类的海星。

在松软的泥浆下，住着泥海星。

它们吃海底的软泥。

它们看起来像一块块新鲜出炉的饼干，

边缘有一圈梳齿状的尖刺。

"美杜莎之头"

一块岩石上趴着一种非常特殊的海蛇尾，
又称为"美杜莎之头"。

它们的五条手臂又分了数百条小臂。
"美杜莎之头"会将手臂伸向漂浮过来的食物，
就像蜘蛛用来捕捉苍蝇的网。
它们吃桡足类动物和浮游生物。

56

当它们受到惊扰时，会把自己蜷成一个球。

"美杜莎之头"可以长到半米。

这个名字来自希腊神话，

神话中的美杜莎是个怪物，头发是一条条小蛇。

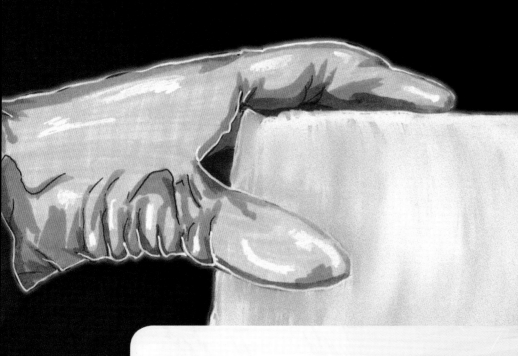

冰能告诉我们什么

要想了解北极的气候是如何变化的，

我们必须知道以前的北极是什么样的。

这可以由冰来告诉我们。

科学家们在冰上钻了几千米深的洞，

从洞里拉出一根长长的冰柱。

这被称为冰芯。

冰芯里面有气泡。

科学家们可以研究气泡中的空气，

这样就能了解几十万年前的空气情况。

科学家们还在冰芯中发现了火山喷发的痕迹，

以及核弹爆炸后的痕迹。

冰芯存储在金属管道中。

统一存放在冷冻档案库里。

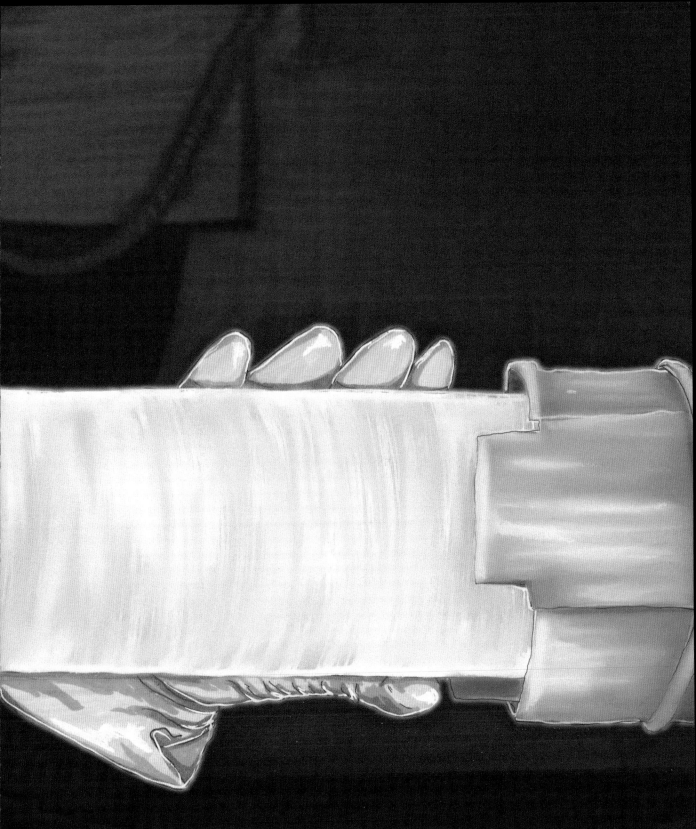

冰水中的哺乳动物

哺乳动物通过分娩产下幼崽。
海洋哺乳动物大部分时间都生活在水中。
海豹和鲸就是这样的海洋哺乳动物。
北极熊实际上也是一种海洋哺乳动物,
它们在水中待的时间要比在陆地上长。

只有少数几种海豹和鲸全年生活在北极,
但许多物种一年中都会来北极逛一圈。
就连蓝鲸偶尔也会游过来。
蓝鲸是地球上最大的哺乳动物,
可以长达三十米,重达两百吨。

61

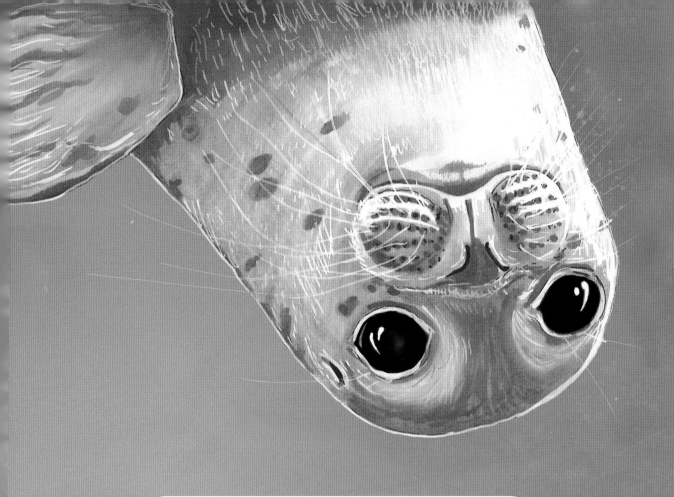

海豹

在北极地区, 环斑海豹和髯海豹终年生活在海冰周围。

海豹要生幼崽时, 或者换夏季皮毛时, 必须到冰面上来。

在陆地上, 海豹很难移动, 但它们是出色的游泳好手。

在水中, 它们可以游泳、玩耍,

还可以捕捉北极鳕鱼或海底的小型动物。

海豹的皮肤下面有一层厚厚的脂肪, 叫海兽脂,

因此它们能很好地抵御寒冷。

北极熊

北极熊是世界上最大的熊，

体重和一辆小汽车差不多。

当它们用后腿直立时，几乎可达三米高。

北极熊嗅觉很好，

可以闻到一千米外的海豹的气味。

北极熊从冰上捕猎。

它们吃得最多的是海豹，但也会吃鱼、海鸟和海鸟蛋。

北极熊的毛发其实不是白色的，

而是一根根透明的小管子。

毛发看起来是白色，

是因为光线照射到毛发上被折射的缘故。

毛发下的皮肤是黑色的。

北极熊也可能看起来有点黄。

这是因为它们吃进去的海豹脂肪里有黄色的油。

格陵兰鲸

格陵兰鲸是常年生活在北极的动物中体形最大的。

它们有两辆卡车那么长,近一百吨重。

格陵兰鲸的头部巨大,

占据了身体的三分之一。

它们可以活到两百岁。

格陵兰鲸有鲸须而没有牙齿。

鲸须从上颚垂下来,看上去像一把梳子。

当它们吞下一口水,鲸须就起到了筛子的作用。

食物留在口中,而水被筛出。

它们的食物是桡足类动物和磷虾。

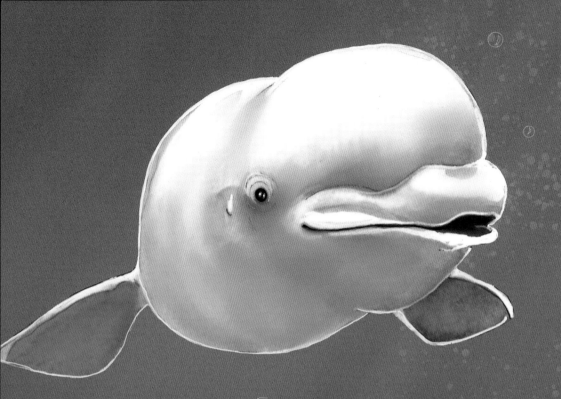

白鲸

有时,北冰洋上会涌出一连串的尖叫声。

这种声音就像一群小孩在叫嚣、大笑。

这是白鲸们在交谈。

它们通过在前额周围吹气来发出声音,

能发出好多种不同声音,有"海洋金丝雀"之美誉。

白鲸出生时是深灰色的。

它们需要近八年的时间才会变成白色。

白鲸可以活到将近五十岁。

它们在格陵兰鲸旁边看起来很小,

但可以长到五米长。

一角鲸

浮冰之中伸出一根根长棍。

这是一群一角鲸冒出水面呼吸。

一角鲸比白鲸小,

被称为"海洋独角兽"。

这只角实际上是一颗从上唇突出来的牙齿。

这颗牙可达三米长,是用来捕鱼的。

它们不会用牙刺穿食物,而是用牙把猎物打昏。

这样一角鲸更容易抓住鱼。

一角鲸成群结队,沿着北极的冰缘地带生活。

夏季,它们会游入峡湾和海湾,

在那里捕猎鱼、鳌虾和章鱼。

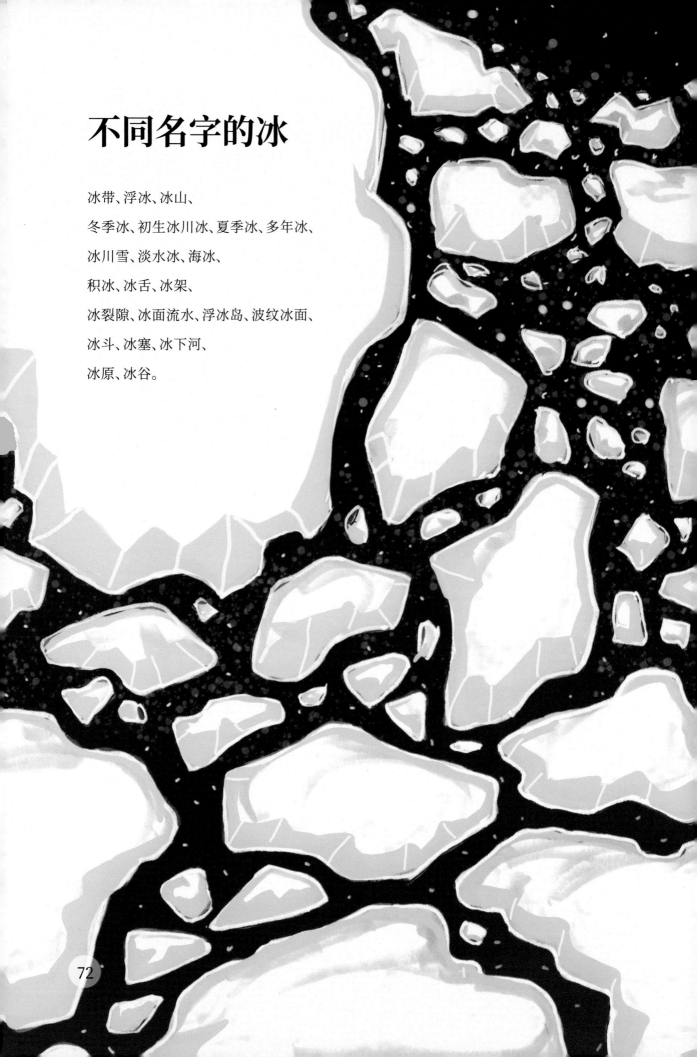

不同名字的冰

冰带、浮冰、冰山、

冬季冰、初生冰川冰、夏季冰、多年冰、

冰川雪、淡水冰、海冰、

积冰、冰舌、冰架、

冰裂隙、冰面流水、浮冰岛、波纹冰面、

冰斗、冰塞、冰下河、

冰原、冰谷。

北极有多少冰

三月极夜结束，太阳探出头来，冰开始融化。

这个过程一直持续到九月左右。

然后海水又结冰了。

整个秋季和冬季，冰都在增多。

几十年来，科学家们一直在测量北极地区的冰。

他们发现，每年冰越来越少，越来越薄。

北极冰层变小了，

可能是太阳的照射，大气的温度或风造成的。

这种情况是自然发生的，那样冰层还能自我修复。

但近年来，汽车和工厂的污染使气候变暖，

大气层急速升温导致北极和南极的冰在融化，

这为两极的生命，甚至是地球上的所有生命带来了危机。

海与冰之间的生态系统

在自然界中, 一切都互相联系。

一个生态系统中, 生物与它们的居住地之间取得了一种平衡。

生态系统可以小如池塘, 也可以大如森林,

或者像浮冰带这样的区域。

地球是一个生态系统, 我们人类处于生物链的顶端,

我们的生活方式影响着我们周围的一切。

冰缘地带的生态系统是很脆弱的。

如果冰层融化, 藻类和浮游生物就会消失。

鱼没什么吃的, 数量就会减少。

没有足够的鱼, 海豹就会减少。

如果海豹消失, 北极熊也将消失。

一个物种的消失, 可能会毁灭北极的其他所有物种。

冰层对整个世界都很重要

北极位于地球的顶部。

地球的底部是南极。

北极和南极的冰是地球的冰箱。

冰会反射太阳光,确保地球不会过热。

如果冰层融化,许多地方都会发生洪水,

有些地方还会出现干旱和粮食短缺的情况,

动物和植物可能会因此灭绝。

不幸的是,地球还在变得越来越暖和,

有害气体堆积起来包围着地球,无法消散,

这就是温室效应。

我们的星球周围有一层叫作大气层的空气。

大气层除了保护我们免受太空辐射,

还能留住来自太阳的热量,使地球不会变得太冷。

但大气层中也储存着来自汽车、船舶、飞机和工厂的有害气体,

这些气体让太阳的辐射能量透进了大气层却散不出去。

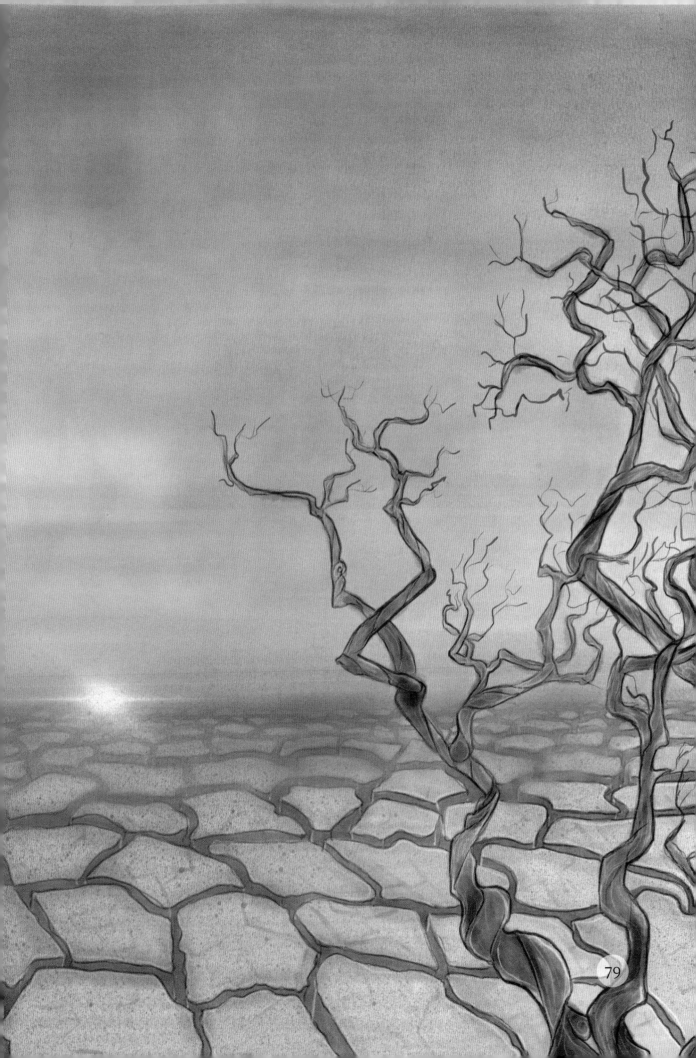

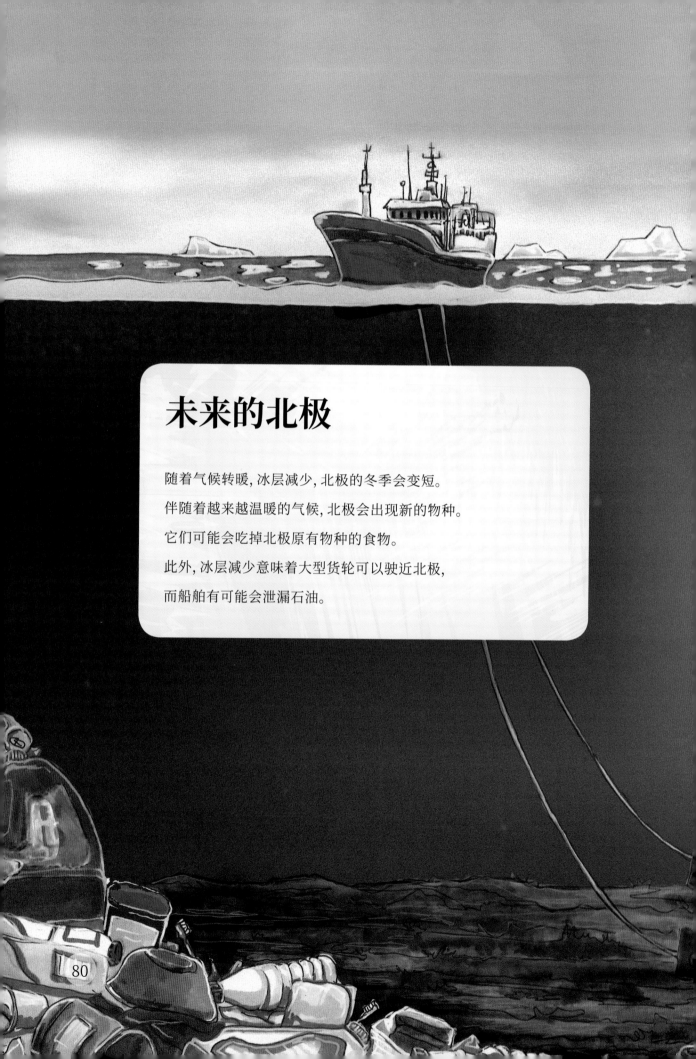

未来的北极

随着气候转暖，冰层减少，北极的冬季会变短。

伴随着越来越温暖的气候，北极会出现新的物种。

它们可能会吃掉北极原有物种的食物。

此外，冰层减少意味着大型货轮可以驶近北极，

而船舶有可能会泄漏石油。

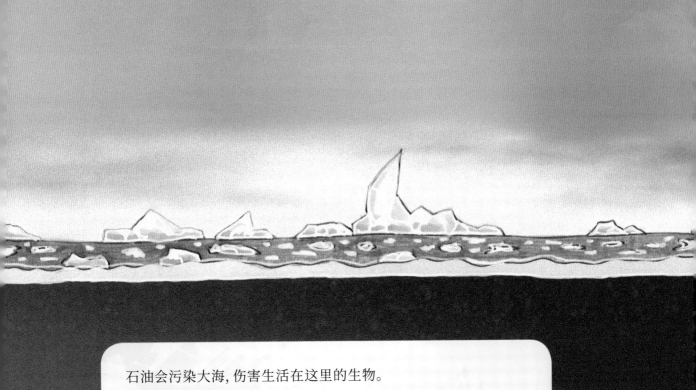

石油会污染大海, 伤害生活在这里的生物。

冰层减少, 也会让带底拖网的渔船向北驶得更远。

底拖网是一种可以拖到海底来捕鱼的大网。

这种大网可能会伤害北极海床孕育的生命。

我们扔弃的塑料也是所有海域的一个大问题。

每一分钟就有十五吨塑料进入海洋。

三十年后, 海洋中的塑料可能比鱼类还多。

鱼类会摄入微粒状的小塑料碎片,

这些微粒可能含有有毒物质,

而鱼最终会被端上我们的饭桌。

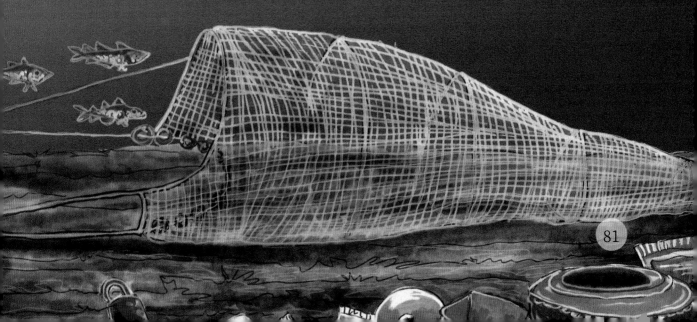

谁来保护这里

幸运的是，有许多人在关心北极的生命。

挪威政府有一个专门的部门来保护自然和环境。

政治家们制定法律来保护北冰洋的生命。

科学家们通过飞越北极的卫星观测冰层，

分析环境中的变化，努力寻找解决方案。

但要解决环境难题，需要我们所有人的努力。

没有人可以解决一切，但每个人都可以做出自己的贡献。

我们能做什么

• 支持那些致力于保护北极生命的组织

例如,你可以支持世界自然基金会,你可以做个"北极熊保护人"!

• 少用塑料

使用织物做的购物袋。

不要购买塑料吸管、一次性杯子或塑料餐具。

• 步行或骑自行车

汽车排放的气体对大气层不利。

• 不要在自然界中丢弃垃圾

外出游玩时,请随身带走垃圾。

• 我们真的需要购买这些吗?

我们消费得越少,对我们的地球就越好!

• 多吃当地种植的食物

• 多吃蔬菜,少吃肉

种植蔬菜需要的自然资源较少。

• 做饭的量不要超过你可以吃下的食物量

生产食物需要消耗大量的自然资源和环境资源,不要造成浪费。

• 回收利用你的垃圾

把纸投入专门的回收站,它可以变成新的纸张。

把塑料投入专门的回收站,它可以变成新的产品。

不要将衣物和其他纺织品扔进垃圾桶。

服装染料可能含有污染环境的有毒物质,

应该把它们交给专业的回收机构。

• 少扔东西

尝试修复那些你已有的东西,或将其交给回收站。

• 减少乘飞机旅行的次数

改坐火车。一趟从挪威飞往英国的航班造成的污染和驾驶汽车

半年造成的污染一样大。

• 参与清理海岸垃圾的行动

可以查找当地的环保组织。

告诉更多人我们的环境发生了什么,

以及他们能做什么!

我们共同努力,将会有所作为!

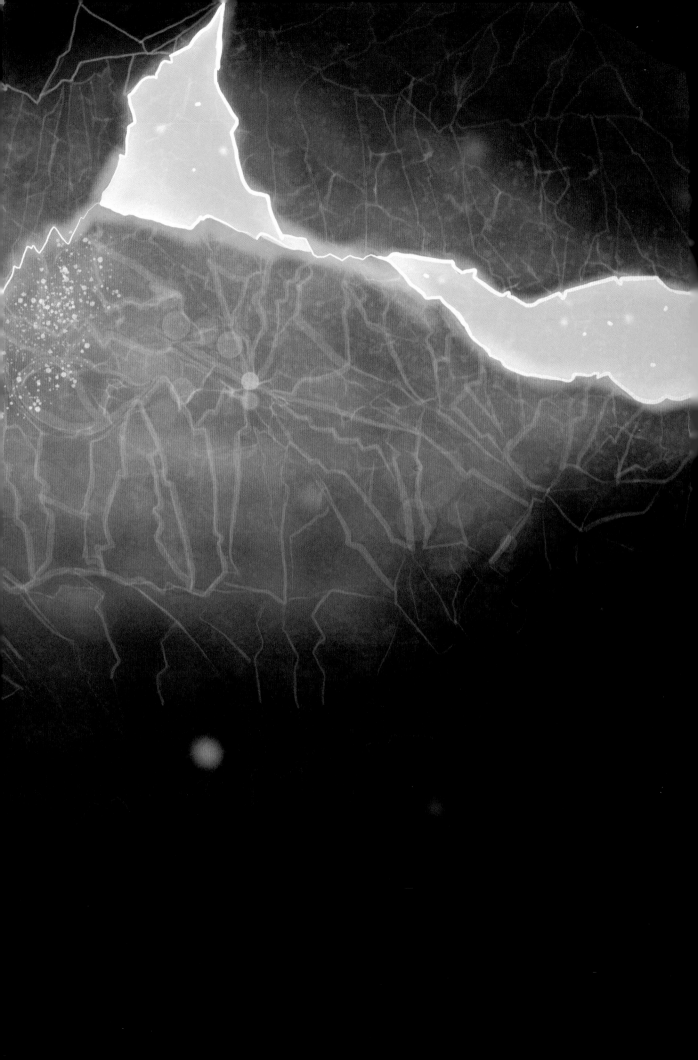